高校入試 近道問題 16 理科記述

この本の特色

① コンパクトな問題集

入試対策として必要な単元・項目を短期間で学習できるよう，コンパクトにまとめた問題集です。直前対策としてばかりではなく，自分の弱点を見つけ出す診断材料としても活用できるようになっています。

② 豊富なデータ

英俊社の「高校別入試対策シリーズ」や「公立高校入試対策シリーズ」などの豊富な入試問題から問題を厳選してあります。

③ \CHIKAMICHI/ ちかみち

分野ごとに意識すべき重要なポイントを，解答に ちかみち として載せてあります。

④ 定期テストや実力テストにも対応

1章の「頻出の記述」は，教科書を中心に，単元ごとの重要事項を例題形式でまとめたものです。そのため，入試直前対策はもちろんのこと，学校の定期テスト・実力テストにも対応しています。

この本の内容

※ 「2　思考の記述」については，すべて出題校の抜粋になっています。

1 頻出の記述

　この章は，入試や定期テストに頻出する記述問題を集めています。覚えてしまうほど何度も繰り返し練習すると，非常に効果的です。

　さらに，単に覚えるだけでなく「なぜ？」といった部分について，その理由を深く追求することが，発展的な記述問題に対しての基礎となります。

■ 生物分野 ■

顕微鏡の使い方

【問題】

① レンズを取りつける順序で，接眼レンズを取りつけてから対物レンズを取りつけるのはなぜですか。

② ピントを合わせるとき，プレパラートと対物レンズを遠ざけながら調節するのはなぜですか。

③ はじめは低い倍率から観察するのはなぜですか。

図1

④ 図2のように，プレパラートをつくるとき，カバーガラスをゆっくりとおろすのはなぜですか。

図2

カバーガラス

【解答例】

① 対物レンズにほこりなどがつかないようにするため。
② プレパラートを割らないようにするため。
③ 視野が広く，観察物が見つけやすいため。
④ 気泡が入らないようにするため。

植物のからだのつくり

問 題

① 図1のように，タンポポの種子についている綿毛や，マツの種子についているはねはどのような役割をしていますか。

図1

タンポポの種子　　　マツの種子

② 図2のように，根の先端に無数に生えている根毛の役割を書きなさい。

図2

③ 図3のように，上から見ると葉が重ならないようについているのはなぜですか。

図3

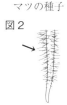

④ タンポポやアブラナなどの双子葉類の植物の葉の特徴を説明しなさい。

⑤ タンポポやアブラナなどの双子葉類の植物の根の特徴を説明しなさい。

⑥ タンポポやアブラナなどの双子葉類の植物の茎の断面の特徴を説明しなさい。

図4

⑦ 図4のようなスギゴケにある根のような部分の役割を書きなさい。

解 答 例

① 種子が風で飛ばされやすくする役割。
② 表面積を大きくし，水を吸収しやすくする役割。
　（土から根をぬけにくくする。）
③ すべての葉に太陽の光が当たりやすいため。
④ 葉脈が網目状になっている。
⑤ 主根と側根からできている。
⑥ 維管束が輪状に並んでいる。
⑦ からだを地面に固定する。

蒸散の実験

【実験】
1. 葉の枚数や大きさ，茎の長さや太さが同じ枝を3本用意する。
2. 同量の水が入った試験管に枝をそれぞれ入れ，水面に油を浮かせる。
3. 3本の試験管をそれぞれA〜Cとし，図のような処理を行う。
4. 全体の質量をはかり，一定時間風通しのよい明るい場所に置く。
5. 再び，全体の質量をはかり，水の減少量を調べる。

A	B	C
葉には何も処理しなかったもの	すべての葉の表にワセリンをぬったもの	すべての葉の裏にワセリンをぬったもの

【結果】

	A	B	C
	5.0 g	3.8 g	1.4 g

問題

① 水面に油を浮かせるのはなぜですか。

② 葉にワセリンをぬるのはなぜですか。

③ 明るい場所に置くのはなぜですか。

④ 実験の結果から，葉の裏からの蒸散量が最も多いのはなぜですか。

⑤ 植物が蒸散を行う理由を書きなさい。

解答例

① 水面から水が蒸発するのを防ぐため。
② 葉にある気孔をふさぐため。
③ 蒸散がさかんになるため。
④ 葉の裏に気孔が多く存在するため。
⑤ 体温を調節するため。（根から水を吸収しやすくするため。）

光合成の実験 ①

【実験】
1. 鉢植えのアサガオを一昼夜暗室に置く。
2. ふ入りの葉の一部をアルミニウムはくでおおう。
3. 日光によく当てる。
4. 熱湯につける。
5. あたためたエタノールにつける。
6. 水でよく洗う。
7. ヨウ素液をつける。

葉の緑色の部分

ふ入りの部分

アルミニウムはく

【結果】
右図のように，Aの部分のみが青紫色に変化した。

青紫色に変化したところ

問 題

① 鉢植えのアサガオを一昼夜暗室に置くのはなぜですか。

② 葉を熱湯につけるのはなぜですか。

③ 葉をあたためたエタノールにつけるのはなぜですか。

④ 実験結果のAとBを比較してわかることを書きなさい。

⑤ 実験結果のAとCを比較してわかることを書きなさい。

解 答 例

① 葉にあるデンプンをなくすため。
② 葉を脱色しやすくするため。
③ 葉の緑色をぬくため。
④ 光合成は葉緑体のある部分で行われること。
⑤ 光合成には光が必要であること。

光合成の実験 ②

【実験】
1. 息を吹きこんで緑色にしたＢＴＢ溶液を満たした３本の試験管Ａ
   〜Ｃを用意する。
2. ＡとＢには同じ大きさのオオカナダモを入れ，Ｂのみアルミニウ
   ムはくでおおう。
3. 日光によく当て，ＢＴＢ溶液の色の変化を調べる。

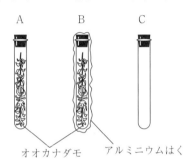

オオカナダモ　　　　アルミニウムはく

【結果】

A	B	C
青色	黄色	緑色

問題

① オオカナダモを入れない試験管Ｃを用意したのはなぜですか。

② 試験管ＡのBTB溶液が青色になったのはなぜですか。

③ 試験管ＢのBTB溶液が黄色になったのはなぜですか。

解答例

① 光が当たるだけでBTB溶液は変化せず，オオカナダモのはたらき
   によってBTB溶液が変化したことを確かめるため。
② 光合成によって，水中の二酸化炭素が減少したため。
③ 呼吸によって，水中の二酸化炭素が増加したため。

ヒトのからだ

問 題

① 図1のように，小腸の表面に小さな突起が無数にあることはどのような点で都合がよいか説明しなさい。

図1

図2 肺胞

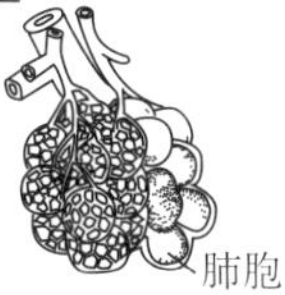

② 図2のように，肺の内部にたくさんの肺胞がある理由を説明しなさい。

③ 図3のように，静脈にある弁の役割を説明しなさい。

図3 弁

図4 左心室

④ 図4のように，心臓の4つの部屋のうち，左心室の壁が最も厚いのはなぜですか。

⑤ ヘモグロビンの性質を説明しなさい。

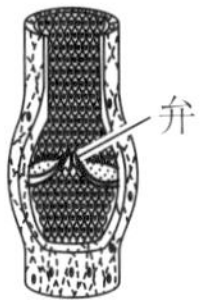

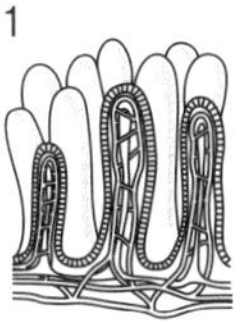

図5

明るいとき　暗いとき

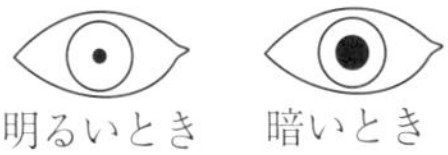

⑥ 体内にできた有害なアンモニアはどのようにして体外に排出されるか説明しなさい。

⑦ 図5のように，明るさが変化するとひとみの大きさが変化するのはなぜですか。

⑧ 刺激に対して無意識に起こる反応はどのような利点がありますか。

解答例

① 小腸の内側の表面積が大きくなり，栄養分の吸収を効率よくできる点。

② 空気に触れる面積が大きくなり，酸素と二酸化炭素の交換を効率よくできるため。

③ 血液の逆流を防ぐ。

④ 全身に血液を送り出すため。

⑤ 酸素の多いところでは酸素と結合し，酸素の少ないところでは酸素をはなす性質。

⑥ 肝臓で尿素に変えられた後，じん臓に送られ血液中から尿素をこし取り，尿として排出される。

⑦ 目に入る光の量を調節するため。

⑧ 危険から身を守ることができる。

だ液の実験

【実験】
1. 4本の試験管を用意し，AとCは水，BとDはだ液を同量ずつ入れる。
2. デンプンのりを4本の試験管に入れる。
3. AとBを約0℃の水に，CとDを約40℃の湯に5分程度つける。
4. 4本の試験管から溶液を少量ずつ取り出し，ヨウ素液の反応を調べる。
5. 4本の試験管から溶液を少量ずつ取り出し，ベネジクト液の反応を調べる。

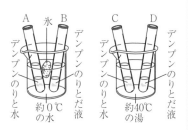

【結果】

	ヨウ素液	ベネジクト液
A	青紫色	変化なし
B	青紫色	変化なし
C	青紫色	変化なし
D	変化なし	赤かっ色

問題

① ベネジクト液の反応を調べるために，ベネジクト液を加えた後に行う操作を説明しなさい。

② 約40℃の湯につけるのはなぜですか。

③ だ液のかわりに水を入れた試験管を用意するのはなぜですか。

④ この実験からわかることを説明しなさい。

解答例

① 沸騰石を入れて加熱する。
② だ液に含まれる消化酵素は，体温に近い温度ではたらきやすいため。
③ デンプンは水だけで分解されず，だ液のはたらきによって分解されたことを確かめるため。
④ だ液には，デンプンを糖に分解するはたらきがある。

動物のなかま・進化

問 題

① 草食動物の目が横向きについている利点を書きなさい。

② 肉食動物の目が前向きについている利点を書きなさい。

③ 草食動物の歯で臼歯が発達しているのはなぜですか。

④ 肉食動物の歯で犬歯が発達しているのはなぜですか。

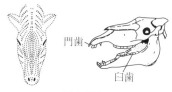

門歯　臼歯

犬歯

草食動物　　　　　　　　肉食動物

⑤ 魚類や両生類がうむ卵に比べて，ハチュウ類や鳥類がうむ卵の殻が固いのはなぜですか。

⑥ 両生類の一生における呼吸のしかたを説明しなさい。

⑦ 種類の異なるほ乳類の前足の骨格を比べたとき，違いが生じているのはなぜですか。

解 答 例

① 広い範囲を見ることができ，素早く敵が近づくのを知ることができる。

② 立体的に見ることができ，獲物までの距離を正確に知ることができる。

③ 草などのかたいものをすりつぶしやすいため。

④ 獲物をしとめやすいため。

⑤ 乾燥しにくくするため。

⑥ 子のときはえらで呼吸し，成体になると肺で呼吸する。

⑦ それぞれの生物が生息する環境に応じて都合がよいように進化したため。

細胞分裂

問題

① 生物が成長するしくみを説明しなさい。

② 右図で，Aの方が根の先端と判断できる
理由を説明しなさい。

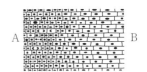

解答例

① 細胞分裂によって細胞の数が増え，増えた細胞が元の大きさまで
成長する。
② 細胞の大きさが小さいため。

細胞分裂の観察

うすい塩酸を
1滴落とす。 ⇨ 柄つき針で
軽くつぶす。 ⇨ 染色液を1滴
落とす。 ⇨ 顕微鏡で
観察する。

タマネギ
の根の
先端　　スライド
ガラス

カバーガラスをかけ，
ろ紙でおおい根を押し
つぶす。　ろ紙

問題

① 細胞分裂を観察するとき，根の先端を使う理由を書きなさい。

② うすい塩酸を1滴落とすのはなぜですか。

③ 染色液を使うのはなぜですか。

④ 上から親指で押しつぶすのはなぜですか。

解答例

① 細胞分裂が最もさかんなため。
② 細胞を1つ1つ離れやすくするため。
③ 核や染色体を染め，細胞を観察しやすくするため。
④ 細胞が重ならないようにするため。

生殖・遺伝

問題

① 受精卵の染色体の数が，親の染色体の数と
変わらないのはなぜですか。

② 無性生殖でできた子の形質が親の形質と同
じになる理由を説明しなさい。

③ 自家受粉とは何か説明しなさい。

解答例

① 減数分裂によってできる染色体の数は親の半分で，受精によって
合体するため。

② 親の染色体をそのまま受け継ぐため。

③ めしべに同じ個体の花粉がつくこと。

生殖の実験

【実験】

1．寒天溶液をスライドガラスにたらし，固
まるまで冷やす。

2．固まった寒天の上に，ホウセンカの花粉
を散布しプレパラートを作成する。

3．このプレパラートを図のように水を加え
たペトリ皿に入れ，ふたをする。

4．15分後，プレパラートをペトリ皿から取り出し，顕微鏡で観察し
スケッチする。

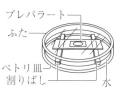

問題

① ペトリ皿の中に水を入れてふたをしたのはなぜですか。

② 受粉すると花粉管が伸びるのはなぜですか。

解答例

① 寒天が乾燥しないようにするため。

② 精細胞を運ぶため。

分解者の実験

【実験】
1. 落ち葉や土を水に入れて布でこし，できた溶液を2つに分け，一方をそのままAに入れ，もう一方を煮沸しBに入れる。
2. A，Bにデンプン溶液を入れ，数日放置する。
3. A，Bにヨウ素液を加えて反応を調べる。

こしたままの水

A

こして煮沸した水

B

【結果】
Aに変化はなく，Bは青紫色になった。

問題

① 煮沸したのはなぜですか。

② この実験からわかることを書きなさい。

③ この実験を終わるときの注意点を書きなさい。

解答例

① 微生物がいない状態をつくるため。
② 微生物がデンプンを別の物質に変化させたこと。
③ 実験後の土や液は煮沸してから捨てる。

■ 化学分野 ■

気体の性質

問題

①　図1のように，酸素や水素を水上置換法で集めることができるのはなぜですか。

②　図1で，はじめに出てきた気体を集めないのはなぜですか。

③　図2で，スポイトの水を押し出すと噴水ができるのはなぜですか。

④　酸素が集まっていることを確かめる方法と結果を書きなさい。

⑤　水素が集まっていることを確かめる方法と結果を書きなさい。

⑥　二酸化炭素が集まっていることを確かめる方法と結果を書きなさい。

⑦　アンモニアのにおいをかぐときの方法を説明しなさい。

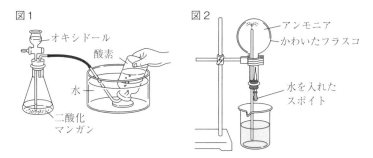

図1
　オキシドール
　酸素
　水
　二酸化マンガン

図2
　アンモニア
　かわいたフラスコ
　水を入れたスポイト

解答例

①　発生した気体が水に溶けにくいため。
②　ガラス管やフラスコに入っていた空気が混ざるため。
③　アンモニアが水に溶けて，フラスコ内の圧力が大気圧より小さくなるため。
④　火のついた線香を入れると，炎を上げて線香が激しく燃える。
⑤　マッチの火を近づけると，ポンと音を立てて気体が燃える。
⑥　石灰水を入れてよく振ると，白くにごる。
⑦　手であおぐようにしてかぐ。

蒸留の実験

問題

①　沸騰石を入れる理由を書きなさい。

②　氷水は何のために用意しますか。

③　実験を終えるときの注意点を書きなさい。

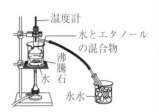

温度計
水とエタノールの混合物
沸騰石
水
氷水

解答例

①　突沸を防ぐため。
②　出てきた気体を冷やして液体にするため。
③　火を消す前にガラス管の先を集めた液体から出しておく。

水溶液の性質

問題

①　図1より，食塩水から結晶を取り出すとき，温度を下げる方法が適さない理由を書きなさい。

②　食塩水から結晶を取り出すための適切な方法を説明しなさい。

③　砂と砂糖水を混ぜた液体を図2のようにろ過すると，砂と砂糖水に分けることができるのはなぜですか。

図1

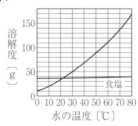

溶解度〔g〕

水の温度〔℃〕

食塩

図2

解答例

①　温度が変化しても，食塩の溶解度はあまり変化しないため。
②　水溶液を加熱して水を蒸発させる。
③　砂はろ紙を通り抜けないが，砂糖水はろ紙を通りぬけるため。

いろいろな化学変化

問題

① 図1で，加熱している試験管の口を少し下げるのはなぜですか。

② 図1で，加熱を止める前にガラス管を水から取り出しておくのはなぜですか。

③ 図1で，炭酸水素ナトリウムを加熱した後に水ができたことを確かめる方法と結果を書きなさい。

④ 酸化銀を十分に加熱してできた物質が銀であることを確かめる方法と結果を書きなさい。

⑤ 図2のように，水を電気分解するとき，水酸化ナトリウムを溶かすのはなぜですか。

⑥ 図3のように，鉄と硫黄の混合物を加熱するとき，加熱部が赤くなったら加熱を止めるのはなぜですか。

⑦ 単体とは何か説明しなさい。

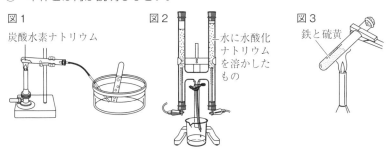

図1
炭酸水素ナトリウム

図2
水に水酸化ナトリウムを溶かしたもの

図3
鉄と硫黄

解答例

① 発生した液体が加熱部に流れ，試験管が割れるのを防ぐため。
② 水が逆流するのを防ぐため。
③ 発生した液体に塩化コバルト紙を近づけると，青色から赤色に変化する。
④ かたいものでこすると金属光沢が出る。
⑤ 水に電流が流れるようにするため。
⑥ 反応によって熱が発生し，その熱で反応が続くため。
⑦ 1種類の原子でできた物質。

化学変化と質量

問 題

① 図1のように，銅の粉末を加熱するとき，かき混ぜながら加熱するのはなぜですか。

② 図1の結果，銅の粉末の質量が加熱前より加熱後の方が増加するのはなぜですか。

③ 図1で，途中から加熱後の質量が増加しなくなるのはなぜですか。

④ 図2のように，マグネシウムを加熱するときに金網をかぶせるのはなぜですか。

⑤ 図3のように，酸化銅と炭素の粉末を加熱すると酸化銅が還元されるのはなぜですか。

⑥ 図4のように，ふたのない容器でうすい塩酸と石灰石を反応させ，反応の前後で質量をはかると，反応後の質量が減少しているのはなぜですか。

⑦ 反応の前後で，質量保存の法則が成り立つのはなぜですか。

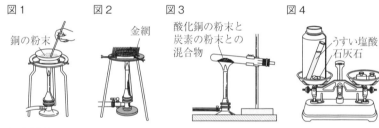

図1　銅の粉末

図2　金網

図3　酸化銅の粉末と炭素の粉末との混合物

図4　うすい塩酸　石灰石

解 答 例

① 酸素と完全に反応させるため。
② 空気中の酸素と結びついたため。
③ 銅が完全に酸素と結びついたため。
④ マグネシウムが飛び散らないようにするため。
⑤ 炭素は銅より酸素と結びつきやすいため。
⑥ 発生した気体が空気中に逃げたため。
⑦ 化学変化によって，原子の組み合わせは変化するが，原子の種類や数は変化しないため。

化学変化とイオン

問題

① 電解質水溶液に電流が流れる理由を説明しなさい。

② 非電解質を溶かした水溶液に電流が流れない理由を説明しなさい。

③ 図1のように，塩化銅水溶液を電気分解すると青色がうすくなるのはなぜですか。

④ 図1のように，塩化銅水溶液を電気分解するとやがて電流が流れにくくなるのはなぜですか。

⑤ 図2のように，塩酸を電気分解すると，それぞれの電極に同じ体積の気体が集まるはずですが，実際には陽極に集まる気体の方が少ないのはなぜですか。

⑥ 図2で，電気分解後，陽極付近の水溶液を赤インクの入った試験管にたらすと色が消える理由を説明しなさい。

⑦ 化学電池をつくるための条件を説明しなさい。

⑧ 燃料電池が環境へ与える影響が少ない理由を説明しなさい。

図1

塩化銅水溶液

図2

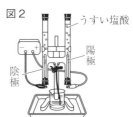

うすい塩酸

陽極

陰極

解答例

① 水溶液中の陽イオンが陰極に，陰イオンが陽極に移動するため。
② 水溶液中にイオンが存在しないため。
③ 水溶液中の銅イオンが減少するため。
④ 水溶液中のイオンの数が減少するため。
⑤ 陽極に集まる塩素は水に溶けやすいため。
⑥ 塩素には漂白作用があるため。
⑦ 電流が流れる水溶液に，2種類の金属板をつける。
⑧ 電気を取り出すときに水しか生じないため。

■ 物理分野 ■

身近な現象

問題

① 右図のような凸レンズを通して虚像ができるときの，物体と凸レンズの位置関係を説明しなさい。

② 雷が光った後，少し遅れて音が聞こえるのはなぜですか。

③ 右図のように，太鼓とストップウォッチを使って音の速さを調べるとき，より正確にはかるためにはどのような工夫をすればよいですか。

④ 右図のようなモノコードで，ことじを右に動かすと音が高くなる理由を書きなさい。

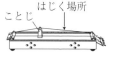

⑤ 圧力と物体が接する面積との関係を説明しなさい。　　　　　　　　　　　　※地学学習範囲

⑥ 浮力の大きさと物体の体積の関係を説明しなさい。

⑦ 水中にある物体にはたらく浮力が上向きにはたらく理由を書きなさい。

解答例

① 凸レンズの焦点より内側に物体がある。
② 音より光の方が伝わる速さが速いため。
③ くり返し実験を行い，平均を求める。
④ 弦が短くなり，振動数が大きくなるため。
⑤ 面積が大きいほど圧力は小さくなる。
⑥ 水中にある物体の体積が大きいほど浮力は大きくなる。
⑦ 物体の上面にはたらく水圧による力より，下面にはたらく水圧による力の方が大きいため。

電気の性質

問題

① 電流計を使って電流の大きさをはかるとき，はじめに5A端子を使う理由を書きなさい。

② 図1のように，コイルに電流を流すとき，コイルのまわりにできる磁界を大きくする方法を3つ書きなさい。

③ 図2のコイルが受ける力を大きくする方法を2つ書きなさい。

④ 図2のコイルは手前に振れる。このコイルが逆に動くようにする方法を2つ書きなさい。

⑤ 図3のようなモーターが，同じ方向に回転し続ける理由を説明しなさい。

⑥ 図4のような方法で，誘導電流を大きくする方法を3つ書きなさい。

⑦ 図4で棒磁石を動かさないとき誘導電流が発生しない理由を書きなさい。

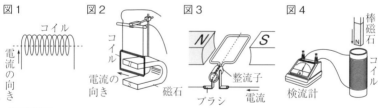

図1　図2　図3　図4

解答例

① 大きな電流が流れて，電流計が壊れるのを防ぐため。
② コイルに流れる電流を大きくする。コイルの巻き数を多くする。コイルの中に鉄しんを入れる。
③ コイルに流れる電流を大きくする。磁石の磁力を強くする。
④ 電流の向きを逆にする。磁石の向きを逆にする。
⑤ 整流子とブラシのはたらきで，コイルに流れる電流が半回転ごとに逆になるため。
⑥ コイルの巻き数を多くする。磁石の磁力を強くする。磁石を素早く動かす。
⑦ コイルの中の磁界が変化しないため。

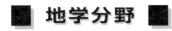

地学分野

大地の変化

問 題

① 火山岩のでき方を説明しなさい。

② 深成岩のでき方を説明しなさい。

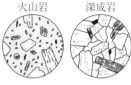

火山岩　深成岩

③ 右図のように，堆積岩に含まれる粒が丸みを帯びているのはなぜですか。

④ 右図のように，海岸から遠くに泥の粒が堆積しやすいのはなぜですか。

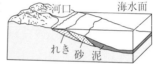

⑤ れき岩，砂岩，泥岩は何によって区別されていますか。

⑥ 示準化石となる生物の特徴を説明しなさい。

⑦ 示相化石からどのようなことを知ることができますか。

アンモナイト　ビカリア

⑧ 震度とマグニチュードの違いを説明しなさい。

解 答 例

① マグマが地表または地表付近で急に冷えてできる。
② マグマが地下深くでゆっくりと冷えてできる。
③ 水に流されることで粒がぶつかり合い，角がけずられるため。
④ 粒の大きさが小さく，遠くまで運ばれるため。
⑤ 岩石に含まれる粒の大きさ。
⑥ 広範囲に生息し，生存していた期間が短い。
⑦ 地層が堆積した当時の自然環境がわかる。
⑧ 震度は地震によるゆれの大きさを表し，マグニチュードは地震の規模を表す。

大気中の水蒸気

問 題

① 右図のように，一般に乾球温度計より湿球温度計の示度が低くなるのはなぜですか。

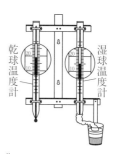

② 右図の雲をつくる実験で，線香の煙を入れるのはなぜですか。

③ 右図で，フラスコに少量の水を入れることによって雲ができやすくなるのはなぜですか。

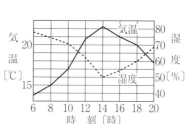

④ 空気のかたまりが上昇すると，気温が低くなるのはなぜですか。

⑤ 右図の観測が晴れの日のものと判断できるのはなぜですか。

⑥ 密閉した部屋で気温が上がると湿度が下がるのはなぜですか。

解 答 例

① 水が蒸発するときに熱をうばうため。
② フラスコ内に雲をできやすくするため。
③ フラスコ内の空気に含まれる水蒸気量が増えるため。
④ まわりの気圧が低くなり，空気のかたまりが膨張するため。
⑤ 気温と湿度が逆の変化をしているため。
⑥ 飽和水蒸気量が大きくなるため。

前線と天気

問題

① 右図のように、よく晴れた昼間に海風が吹くのはなぜですか。

② 自然界において上昇気流ができる例を2つあげなさい。

③ 右図で、A地点よりB地点に吹く風が強いと判断できるのはなぜですか。

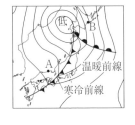

④ 寒冷前線が通過した後の天気の特徴を説明しなさい。

⑤ 閉そく前線（ ◢◣◢◣◢◣ ）のでき方を説明しなさい。

⑥ 梅雨の時期など、日本列島付近に前線が停滞するのはなぜですか。

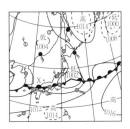

⑦ 冬の天気に影響をおよぼすシベリア気団は乾燥しているにもかかわらず日本海側に雪をもたらすのはなぜですか。

解答例

① 海より陸の方があたたまりやすく、昼間は海の上に下降気流、陸の上に上昇気流ができるため。
② 山の斜面にそって空気が上昇する。
地表であたためられて空気が上昇する。
あたたかい空気と冷たい空気がぶつかり合って上昇する。など
③ B地点付近の方が等圧線の間隔が狭いため。
④ 短時間に強い雨が降り、気温が急激に下がる。
⑤ 温暖前線に比べ、寒冷前線の方が進む速度が速いため、温暖前線に寒冷前線が追いついてできる。
⑥ オホーツク海気団と小笠原気団の勢力がほぼ等しくなるため。
⑦ 日本海を通過するときに大量の水蒸気を含むため。

地球と星の動き

問題

① 右図のように，1時間ごとの太陽の見かけの動きを観察すると，点と点の間隔が同じになるのはなぜですか。

② 星を1時間ごとに観察すると，東から西へ移動していくように見えるのはなぜですか。

③ 右図のように，北極星は時間が経過してもほぼ同じ位置に見えるのはなぜですか。

④ 季節によって昼夜の長さや南中高度が変化するのはなぜですか。

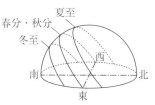

⑤ 右図より，夏はオリオン座を観察することができないのはなぜですか。

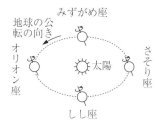

解答例

① 地球が一定の速さで自転しているため。
② 地球が西から東へ自転しているため。
③ 北極星が地軸の延長線上にあるため。
④ 地球が地軸を傾けたまま公転しているため。
⑤ 地球から見て，オリオン座が太陽と同じ方向にあるため。

太陽系

問題

① 金星が自ら光を出さないのに明るく見えるのはなぜですか。

② 金星が満ち欠けするのはなぜですか。

③ 金星の見かけの大きさが変化するのはなぜですか。

④ 真夜中に金星を観察できないのはなぜですか。

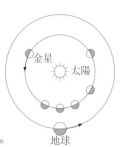

⑤ 太陽を天体望遠鏡で観察するとき，絶対にしてはいけないことは何ですか。

⑥ 太陽をスケッチするとき，素早くしないと太陽の像が記録用紙からずれてしまうのはなぜですか。

⑦ 黒点が黒く見えるのはなぜですか。

⑧ 右図のように，一日おきに観察すると，黒点が移動して見えるのはなぜですか。

⑨ 黒点の形は，中央部に比べて周辺部で細長く見えるのはなぜですか。

解答例

① 太陽の光を反射しているため。
② 太陽の光を反射し，地球の内側を公転しているため。
③ 金星と地球の間の距離が変化するため。
④ 金星は地球より内側を公転しているため。
⑤ 太陽を直接見ること。
⑥ 地球が自転しているため。
⑦ まわりより温度が低いため。
⑧ 太陽が自転しているため。
⑨ 太陽が球形をしているため。

月

問題

① 月が地球に対して常に同じ面を向けて
いるのはなぜですか。

② 月が満ちかけするのはなぜですか。

③ 月を同じ時刻に観察すると，西から東
に移動して見えるのはなぜですか。

④ 月が光輝いて見えるのはなぜですか。

⑤ 月食のしくみを説明しなさい。

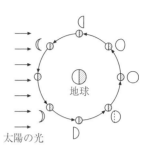

地球

太陽の光

解答例

① 月の自転周期と公転周期が同じであるため。
② 地球のまわりを公転し，太陽の光を反射しているため。
③ 月が地球のまわりを西から東に公転しているため。
④ 太陽の光を反射しているため。
⑤ 太陽，地球，月の順でならび，地球の影に月が入る現象。

科学技術・環境

問題

① LED電球が優れている点を書きな
さい。

② 右図において，二酸化炭素の濃度
が夏に減少し冬に増加するのはなぜ
ですか。

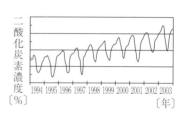

二酸化炭素濃度
1994 1995 1996 1997 1998 1999 2000 2001 2002 2003
〔％〕　　　　　　　　　　　　　　　　〔年〕

解答例

① 余分な熱エネルギーを出さないようにしてエネルギーの変換効率
をあげている点。
② 植物の光合成が夏は盛んになり，冬はおとろえるため。

2 思考の記述 近道問題

　この章は，実際に入試で出題されたやや発展的な記述問題を集めています。今まで学習してきた知識をもとに考える『思考力』と，自らの言葉で表現する『表現力』が必要になります。

　これらの力は，短期間で急激につくものではありません。普段の学習でしっかりと知識を身につけることと並行して，計画的に少しずつ進めるとよいでしょう。

■ 生物分野 ■

1 　美香さんは，山形県の郷土料理に用いられる，シソの一種であるアオジソに興味をもち，葉のつくりとはたらきについて調べるために，次の実験1，2を行った。

【実験1】

① ある日の夕方，畑に植えられているアオジソから葉を一枚選び，図1のように，選んだ葉の表側と裏側の面の一部をアルミニウムはくでおおい，光があたらないようにした。

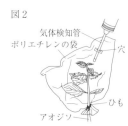

② よく晴れた翌日の正午頃に，①で選んだ葉を茎からとり，アルミニウムはくをはずしてから熱湯にひたし，あたためたエタノールに入れ，水洗いしてからうすいヨウ素液につけ，図1のXとYで示した部分の葉の反応を観察した。

【実験2】

① 畑に植えられているアオジソ全体に透明なポリエチレンの袋をかぶせ，ひもで袋の口を閉じた。

② 袋の一部に穴を開け，穴からストローで息を吹きこんだ。

③ 息を吹きこんだ直後，図2のように，袋の中の気体について，気体検知管を用いて酸素の割合と

二酸化炭素の割合をそれぞれ調べ，穴をビニルテープでふさいだ。

④　袋をかぶせたまま光のあたる条件で1時間放置し，③と同様に，気体検知管を用いて酸素の割合と二酸化炭素の割合をそれぞれ調べた。

表は，実験2の結果であり，次は，実験1，2の結果をもとに，美香さんが考えたことをまとめたものである。後の問いに答えなさい。

（山形県[改題]）

表

	息を吹きこんだ直後	光に1時間あてたあと
酸素の割合	18.0 %	19.0 %
二酸化炭素の割合	2.1 %	1.1 %

> アオジソの葉に光をあてると，実験1ではYの部分がうすいヨウ素液に反応したことと，実験2では酸素の割合が大きくなり二酸化炭素の割合が小さくなったことから，二酸化炭素と水からデンプンと酸素がつくられたことがわかる。今度は，光をさえぎる黒いポリエチレンの袋をかぶせた状態で，実験2と同じようにして調べてみたい。

（問）　下線部のとき，実験2と同じ手順で実験を行うと，酸素の割合と二酸化炭素の割合は，息を吹きこんだ直後と1時間放置した後を比べると，それぞれどのように変化すると考えられるか，簡潔に書きなさい。

（　　　　　　　　　　　　　　　　　　　　　　　　　　　　　）

2　タンポポを用いて，次の実験を行った。これをもとに，以下の問いに答えなさい。
（石川県）

[実験]　試験管A〜Eを準備し，すべての試験管に，青色のBTB溶液を入れ，ストローで息をふきこんで緑色に調整した。その後，図のようにA〜Cには大きさがほぼ同じタンポポの葉を入れ，A〜Eにゴム栓をした。次に，Bをガーゼでおおい，C，Dを光が当たらないようにアルミニウムはくでおおった。すべ

ての試験管を日の当たる場所に2時間置き，BTB溶液の色の変化を観察して表1にまとめた。その後，A，Cから取り出したタンポポの葉を，あたためたエタノールにしばらく浸した後，水洗いし，ヨウ素液につけて葉の色の変化を観察して表2にまとめた。なお，この実験に用いた鉢植えのタンポポには，実験結果を正しく読みとるために必要な操作を事前に行った。

表1

試験管	A	B	C	D	E
BTB 溶液の色	青色	緑色	黄色	緑色	緑色

表2

試験管	A	C
ヨウ素液による葉の色の変化	あり	なし

㈲ 試験管 A の BTB 溶液が青色に変化したのはなぜか，その理由を，表1，2 をもとに「呼吸」という語句を用いて書きなさい。

( )

3 ヒトのだ液のはたらきを調べるために，次の実験を行った。これについて，問いに答えなさい。 (福岡工大附城東高)

セロファンの袋を2つ用意し，Ⓧの袋にはデンプン溶液とだ液，Ⓨの袋にはデンプン溶液と水を入れてよく混ぜ合わせ，36℃くらいの水に入れておいた。1時間後，Ⓧの袋の中の液体 A とⓍの袋を入れたビーカーの中の液体 B，Ⓨの袋の中の液体 C とⓎの袋を入れたビーカーの中の液体 D をそれぞれ試験管に2本ずつとり，1本にはヨウ素液を入れ，もう1本にはベネジクト液を入れて加熱した。表は，このときの色の変化をまとめた結果である。

	A	B	C	D
ヨウ素液を入れた	①変化なし	②変化なし	③青紫色	④変化なし
ベネジクト液を入れて加熱した	⑤赤褐色	⑥赤褐色	⑦変化なし	⑧変化なし

㈲ 結果⑤と⑥の比較から，糖とセロファンとの関係について何がいえるか。20字以内で答えなさい。

4 図は，ヒトの血液循環を模式的に表したものである。P，Q，R，Sは，肺，肝臓，腎臓，小腸のいずれかを，矢印は血液の流れを示している。このことについて，次の問いに答えなさい。 (栃木県)

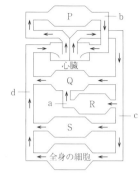

(問) a，b，c，dを流れる血液のうち，aを流れている血液が，ブドウ糖などの栄養分の濃度が最も高い。その理由は，QとRのどのようなはたらきによるものか。QとRは器官名にしてそれぞれ簡潔に書きなさい。

(　　　　　　　　　　　　　　　　　)

5 次の文は，調理実習での先生と生徒の会話の一部である。後の問いに答えなさい。 (福島県)

> | 先生 | 今日は肉じゃがを作ります。まず，手元をよく見て材料を切りましょう。
>
> | 生徒 | はい。先生，切り終わりました。
>
> | 先生 | では，切った材料を鍋に入れていためます。その後，水と調味料を加えましょう。鍋からぐつぐつという音が聞こえてきたら，弱火にしてください。
>
> | 生徒 | わかりました。あ，熱い！
>
> | 先生 | 大丈夫ですか。
>
> | 生徒 | 鍋に触ってしまいました。でも，とっさに手を引っ込めていたので，大丈夫です。
>
> | 先生 | 気をつけてくださいね。念のため，手を十分に冷やした後に，戸棚の奥から器を取り出して盛り付けの準備をしましょう。

(問) 下線部について，次の文は，無意識のうちに起こる反応での，信号の伝わり方について述べたものである。 [　　　] にあてはまる適切なことばを，運動神経，脳という2つのことばを用いて書きなさい。

(　　　　　　　　　　　　　　　　　)

刺激を受けとると，信号は感覚神経からせきずいに伝わる。無意識のうちに起こる反応では，信号は [　　　] 運動器官に伝わり，反応が起こる。

6 図は，ミカヅキモの生殖のようすを模式的に表したものである。次の問いに答えなさい。 (新潟県)

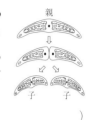

(問) ミカヅキモの生殖では，親と子の形質がすべて同じになる。その理由を，「体細胞分裂」，「染色体」という用語を用いて書きなさい。

( )

7 次図は，生態系における炭素の循環を模式的に示しており，矢印は炭素の流れを表しています。後の問いに答えなさい。 (岡山県)

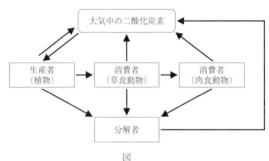

図

(問) 次の文章の下線部にある変化として適当なのは，ア，イのどちらですか。また，文章中にあるように植物の生物量が回復する理由を，肉食動物の生物量の変化による影響がわかるように説明しなさい。

記号( )

理由( )

　生態系では，野生生物の生物量（生物の数量）は，ほぼ一定に保たれ，つり合っている。何らかの原因で草食動物の生物量が増加した場合，植物の生物量は，一時的に減少しても多くの場合元どおりに回復する。この植物の生物量の回復には，<u>肉食動物の生物量の変化</u>による影響が考えられる。

ア　一時的に増加する　　イ　一時的に減少する

化学分野

1 水に溶けない固体の体積を正確に測るためには，どのような方法で測定するか。その方法を述べなさい。 (福岡大附若葉高)

（　　　　　　　　　　　　　　　　　　　　　　　　　　　　　　　　　）

2 大介さんは，1円硬貨がアルミニウムでできていることを知り，アルミニウムの密度を調べるために，次のような実験を行った。下の問いに答えなさい。

(宮崎県)

〔実験〕

> ①　1円硬貨40枚の質量をはかった。
>
> ②　水の入ったメスシリンダーに1円硬貨を1枚ずつ沈めた。1円硬貨を40枚沈めて，ふえた体積をはかった。

㈣　下線部に関して，水の中で1円硬貨が沈む理由を，簡潔に書きなさい。

（　　　　　　　　　　　　　　　　　　　　　　　　　　　　　　　　　）

3 図1のような装置を組み立て，水20mLとエタノール5mLの混合物を加熱し，ガラス管から出てくる液体を試験管A，B，Cの順に約3mLずつ集めた。また，液体を集めているとき，出てくる蒸気の温度を測定した。その後，A〜Cに集めた液体をそれぞれ脱脂綿につけ，火をつけて液体の性質を調べた。表は，実験の結果を示したものである。

ただし，図1は，枝つきフラスコにとりつける温度計を省略している。

(福岡県)

図1

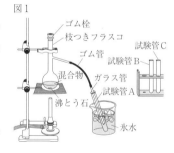

表

試験管	A	B	C
温度〔℃〕	72.5〜84.5	84.5〜90.0	90.0〜93.0
脱脂綿に火をつけたときのようす	長く燃えた。	少し燃えるが，すぐに消えた。	燃えなかった。

⒤　表の脱脂綿に火をつけたときのようすのちがいから，エタノールを最も多くふくんでいるのは A であることがわかった。A に集めた液体が，エタノールを最も多くふくんでいる理由を，「沸点」という語句を用いて，簡潔に書きなさい。（　　　　　　　　　　　　　　　　　　　　　　　）

4　二酸化炭素について調べるために，図の実験装置を用いて，三角フラスコにいれた石灰石にうすい塩酸を加え，二酸化炭素を発生させて，水で満たしておいた試験管に集めた。二酸化炭素が発生しはじめてすぐに出てきた気体を一本目の試験管に集め，続けて出てきた気体を二本目の試験管に集めた。次の問いに答えなさい。　　（東海大付福岡高）

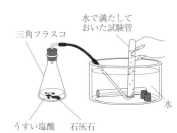

⒤　集めた気体が入った二本の試験管にそれぞれ火のついた線香を入れると，一本目の試験管の中では線香の火がしばらくついた後に消え，二本目の試験管の中では線香の火がすぐに消えた。一本目の試験管の中では線香の火がしばらくついていたのはなぜか，その理由を簡潔に説明しなさい。
　　　（　　　　　　　　　　　　　　　　　　　　　　　）

5　炭酸水素ナトリウムを加熱し，発生した気体や残った物質の性質を調べる実験を行った。これについて，後の問いに答えなさい。　　（関西大学高）
実験
　操作1　炭酸水素ナトリウムを3.0g
　　　　　はかり取り，試験管に入れて，図
　　　　　のように器具を設置した。
　操作2　ガスバーナーに火をつけ，試
　　　　　験管を数分間加熱した。
　操作3　発生した気体を集気びんに
　　　　　集めた。
　操作4　ガスバーナーの火を消した。
　操作5　試験管内に残った固体を取り出して，質量を測定した。
　操作6　取り出した固体を別の試験管に入れ，5.0mL の水に溶かし，少量の
　　　　　フェノールフタレイン溶液を加えた。

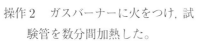

操作7　炭酸水素ナトリウム 2.0g を試験管に入れ, 5.0mL の水に溶かし, 少量のフェノールフタレイン溶液を加えた。

㊂　加熱後の試験管から取り出した固体と炭酸水素ナトリウムは別の物質である。操作6の結果には, 操作7の結果と比べてどのような違いがあるかを2つ答えなさい。

（　　　　　　　　　　　　　　　　　　　　　　　　　　　　）

（　　　　　　　　　　　　　　　　　　　　　　　　　　　　）

6 鉄と硫黄の化学変化の実験を行った。次の問いに答えなさい。　（奈良大附高）

鉄粉7gと硫黄4gを乳ばちに入れ, 均一に混ぜ合わせた混合物をつくり, 図1のように, 2本の試験管Aと試験管Bに正確に半分ずつ分けて入れた。次に試験管Aに入れた混合物を図2のようにガスバーナーで加熱した。色が赤く変わりはじめたら加熱をやめたが, その後も反応は続いた。加熱終了後, 試験管Aの温度が下がるのを待ってから, 試験管Aと試験管Bの中の物質の性質について調べた。ただし, 試験管Aの中では, 鉄粉と硫黄はすべて反応していたとする。

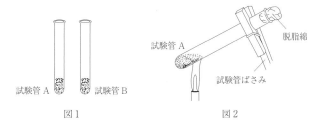

図1　　　　　　　図2

㊂　試験管Aと試験管Bにフェライト磁石を近づけたところ, 試験管Bは磁石に引きつけられたが, 試験管Aは試験管Bほど引きつけられなかった。この理由を簡潔に説明しなさい。

（　　　　　　　　　　　　　　　　　　　　　　　　　　　　）

7 次の実験について, 後の問いに答えなさい。　（長崎県）

【実験】　乾いた集気びんA, 集気びんBにそれぞれ二酸化炭素を十分に満たして, ふたをした。

集気びんAには火をつけたろうそくを, 集気びんBには火をつけたマグネシウムリボンを, ふたを素早くとって, 集気びんの中に入れ観察した。

図

集気びんA　集気びんB

　　　　図のように，集気びん A では，ろうそくの火がすぐに消えた。一方，集気びん B ではマグネシウムリボンが燃え続け，反応後には白い物質と黒い物質が見られた。

㈠　集気びん A 内で下線部の結果になるのはなぜか，簡単に説明しなさい。

（　　　　　　　　　　　　　　　　　　　　　　　　　　　　　　　）

8　水溶液と金属板で電流がとり出せるか調べるために，次の実験を行った。

（神戸学院大附高）

〈実験〉　右図1のように，亜鉛板と銅板を濃度5％のうすい塩酸に入れ，導線でオルゴールをつないで音が鳴るかどうかを調べた。次に，水溶液の濃度がそれぞれ5％の砂糖水，食塩水，エタノールの水溶液で同じように調べた。金属板を別の水溶液に入れるときには，そのつど蒸留水で金属板を洗うようにした。

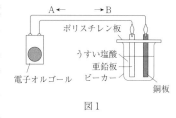

図1

㈠　下線部の操作は何のために行うか。その理由を答えなさい。

（　　　　　　　　　　　　　　　　　　　　　　　　　　　　　　　）

9　次の実験について，後の問いに答えなさい。

（長崎県）

【実験】　図はイオンの動きを調べるための装置である。電流を流しやすくするため，水道水をしみこませたろ紙をガラス板の上に置き，両端をクリップでとめ，電極ア，電極イとした。ろ紙の上に赤色リトマス紙 A と B，青色リトマス紙 C と D を置いた。うすい水酸化ナトリウム水溶液をしみこませた糸を中央に置き，一方のクリップを陽極，もう一方を陰極として電圧を加え，リトマス紙の色の変化を調べた。

図

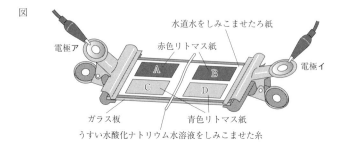

(問) 実験の結果，A～DのうちBの色だけが変化した。陽極は電極ア，電極イのどちらか，記号で答えなさい。また，その理由を説明しなさい。

陽極は電極(　　　　　)

理由(　　　　　　　　　　　　　　　　　　　　　　　　　　　　　　)

10 うすい硫酸 $20cm^3$ に水酸化バリウム水溶液を少しずつ加え，加えた水酸化バリウム水溶液の量と，混合液に流れる電流を測定し，図のグラフのような結果を得た。次の問いに答えなさい。

(福岡大附若葉高)

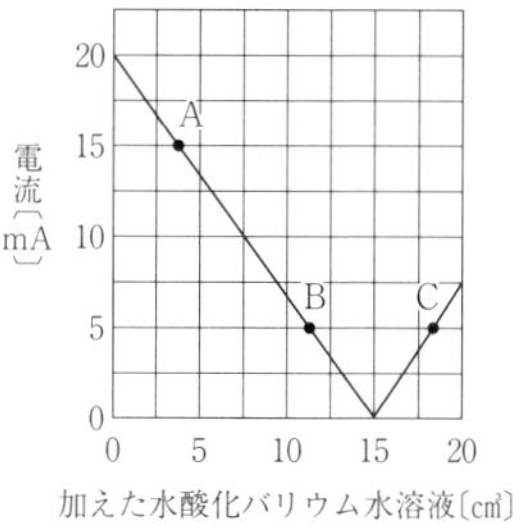

(問) A～B間で電流が流れにくくなっているのはなぜか。その理由を答えなさい。

(　　　　　　　　　　　　　　　　　　　　　　　　　　　　　　)

11 うすい硫酸と水酸化バリウム水溶液を用いて実験を行った。次の問いに答えなさい。

(奈良大附高)

【実験】

6つのビーカーA～Fを用意し，うすい硫酸 $20cm^3$ とBTB溶液を入れた。これらのビーカーの中に水酸化バリウム水溶液の量を変え，よくかき混ぜながら加えると白色の沈殿が生じた。この白色の沈殿を取り出し，よく乾燥させてから質量を調べたところ，下の表の結果が得られた。

ビーカー	A	B	C	D	E	F
加えた水酸化バリウム水溶液の量(cm^3)	5	10	15	20	25	30
得られた白色の沈殿の量(g)	0.1	0.2	0.3	0.4	0.4	0.4

(問) うすい塩酸と水酸化ナトリウム水溶液を用いてこの実験を行うと，白色の沈殿は生じなかった。その理由をこのとき得られた塩の名称を用いて，簡潔に説明しなさい。

(　　　　　　　　　　　　　　　　　　　　　　　　　　　　　　)

■ 物理分野 ■

1 図1は，上部が開いた半円形の透明な容器である。図2は，図1の容器に水を入れ，容器の外側の光源から，境界面（水面）上にある点Oに向かう光の道すじを表したものである。 （長崎県）

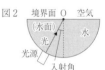

図1

半円形の透明な容器

図2

（問） 図2の入射角を大きくしていったところ，ある角度を超えたとき，境界面（水面）から空気中に進む光が見られなくなった。このとき，光源から入射させた光は点Oでどうなっているか簡潔に説明しなさい。

（　　　　　　　　　　　　　　　　　　　　）

2 同じ素材で太さの異なる4本の弦を張ったバイオリンがある。次の各問いに答えなさい。 （京都精華学園高）

(1) 音は空気中や水中では伝わるが，真空中では伝わらない。その理由を述べなさい。

（　　　　　　　　　　　　　　　　　　　　）

(2) バイオリンで出した音をオシロスコープで表すと図①のようになった。次に同じバイオリンで別の音を出すとオシロスコープでは図②のようになった。

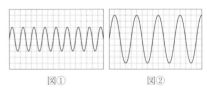

図①　　　　　図②

図①のときの音の出し方と比べて，図②の音を出したときには，どのようにして音を出したと考えられるか。簡単に答えなさい。

（　　　　　　　　　　　　　　　　　　　　）

3 右図のように同じ高さの音が出るおんさAとおんさBを開いている面を向かい合わせて置き，音の伝わり方を調べた。

図のようにおんさAを叩いて音を出すと，おんさBは叩いていないのに音が鳴りだした。その理由を簡単に説明しなさい。 （博多女高）

（　　　　　　　　　　　　　　　　　　　　）

4 虫めがねによる像のでき方について調べるために，次の実験を行った。後の
問いに答えなさい。 (山口県)

[実験]

① 図1のように，Lの文字を切り
抜いた黒い画用紙を用意した。

② 図2のように，スタンドの上に
光源を設置し，光源の上に①の画
用紙を置いた。また，ものさしの
0の目盛りを画用紙の位置とし，
虫めがねの位置を，0の目盛りの
位置から30.0cmになるように固
定した。

③ 半透明の紙でつくったスクリー
ンに，はっきりとした像ができる
ようにスクリーンの位置を調節
し，その位置を記録した。

図1

図2
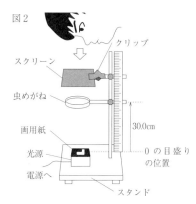

④ ②の虫めがねの位置を，25.0cm，20.0cm，15.0cm，10.0cm，5.0cm
にかえて，③の操作を行った。

⑤ 記録したそれぞれのスクリーンの位置を，表1にまとめた。

表1

虫めがねの位置〔cm〕	30.0	25.0	20.0	15.0	10.0	5.0
スクリーンの位置〔cm〕	40.9	36.8	33.3	32.1	50.0	―

※ 「―」は，はっきりとした像ができなかったことを示している。

㊙ [実験]の④において，虫めがねの位置が5.0cmのとき，スクリーンにはっ
きりとした像ができなかった理由を，虫めがねとスクリーンとの間の光の道
すじに着目し，「焦点距離」という語を用いて述べなさい。

(   )

5 以下の会話文は「音」について話されているものです。会話文を読んで，後の問いに答えなさい。ただし，音は山，花火，Bさんの間を一直線上で伝わるものとします。 (追手門学院高)

Aさん：去年の夏は花火大会がなくて残念だったね。

Bさん：今年こそはみんなで花火を楽しめるといいね。

Aさん：うん。そうだね。あの「ドーン」っていう大きな音はやっぱり迫力あるよね！

Bさん：私の家で花火を見ると「ドーン」っていう音が2回聞こえるよ！

Aさん：え，なんでだろう。

Bさん：家と山の間で花火が打ち上げられているから，山で音がはね返っているんだと思う。

Aさん：やまびこみたいな現象が起きているんだね！

Bさん：でも，花火は光が見えたあとに音が聞こえてくるのが不思議だよね。

Aさん：本当だね。そもそも音は何で伝わるんだろう。

Bさん：学校で①スピーカーを容器に入れて真空ポンプを使って空気を抜いていく実験をしたよね。

Aさん：やったやった！　その実験で音を伝える物質がわかったんだ！

Bさん：そのときはやらなかったけど，②音って水中でも伝わるのかな。

Aさん：明日学校で先生に聞いてみよう！

(1)　下線部①の実験器具を模式的に表したものが図1です。真空ポンプで空気を抜いていくと，音の聞こえ方はどのように変化しますか，簡潔に答えなさい。

（　　　　　　　　　　　　　　　）

図1

(2)　(1)の変化はなぜ起こりますか。その理由を答えなさい。

（　　　　　　　　　　　　　　　　　　　　　　　　　　　）

(3)　下線部②の空気中以外での音の記述について正しいものをア～エから1つ選び，記号で答えなさい。また，その理由を簡潔に答えなさい。

記号（　　　　　　）

理由（　　　　　　　　　　　　　　　　　　　　　　　　　）

ア　水などの液体や金属などの固体でも音は伝わる。

イ　水などの液体では音は伝わるが，金属などの固体では音は伝わらない。

ウ　金属などの固体では音は伝わるが，水などの液体では音は伝わらない。

エ　水などの液体や金属などの固体では音は伝わらない。

6　2種類の抵抗器X，Yについて，加える電圧を変え
て電圧と電流の関係を調べたところ，図1のような結
果になりました。以下の問いに答えなさい。

（大阪緑涼高）

図1

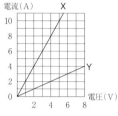

㊐　抵抗器X，Yにおいて，電流が流れにくい方はど
ちらですか。その理由とともに答えなさい。

抵抗器（　　　　　）

理由（　　　　　　　　　　　　　　　　　　　　　　）

7　電流と磁界の関係を調べるために，次の実験を行った。後の問いに答えなさ
い。
（鳥取県）

実験

　図のようにコイルAと検流計をつないだ装置をつくり，棒磁石のN極を
コイルAの左側から入れ，コイルAの中で静止させたところ，検流計の指
針は，はじめ右に振れ，その後，0の位置に戻り止まった。

図

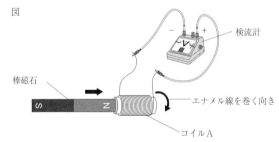

㊐　実験と同じ装置および同じ棒磁石を使って，検流計の指針が実験の振れ幅
よりも大きく左に振れるようにするには，どのようにすればよいか，「コイル
Aの左側から」という書き出しに続けて答えなさい。

（コイルAの左側から　　　　　　　　　　　　　　　　　　　　　　）

8 電球が電気エネルギーを光エネルギーに変換する効率について調べるために，次の実験(1)，(2)，(3)を順に行った。

> (1) 明るさがほぼ同じ LED 電球と白熱電球 P を用意し，消費電力の表示を表にまとめた。
>
> | | LED 電球 | 白熱電球 P |
> |---|---|---|
> | 消費電力の表示 | 100V　7.5W | 100V　60W |
>
> (2) 実験(1)の LED 電球を，水が入った容器のふたに固定し，コンセントから 100V の電圧をかけて点灯させ，水の上昇温度を測定した。図 1 は，このときのようすを模式的に表したものである。
>
>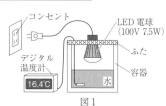
>
> 図1
>
> 実験は熱の逃げない容器を用い，電球が水に触れないように設置して行った。
>
> (3) 実験(1)の LED 電球と同じ「100V　7.5W」の白熱電球 Q（図 2）を用意し，実験(2)と同じように水の上昇温度を測定した。
>
> なお，図 3 は，実験(2)，(3)の結果をグラフに表したものである。
>
>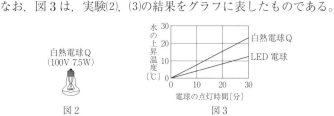
>
> 白熱電球Q (100V 7.5W)
>
> 図2
>
> 図3

このことについて，次の問いに答えなさい。　　　　　　　　　　（栃木県）

(問) 白熱電球に比べて LED 電球の方が，電気エネルギーを光エネルギーに変換する効率が高い。その理由について，実験(2)，(3)からわかることをもとに，簡潔に書きなさい。

　　（　　　　　　　　　　　　　　　　　　　　　　　　　　　）

9 物体の運動を調べるために，滑車を取り付けた水平な机の上に1秒間に60回打点する記録タイマーを固定し，その机の上でテープと糸をつけた台車を使って次の実験Ⅰ・Ⅱを行った。このことについて，下の問いに答えなさい。ただし，空気の抵抗，糸の伸び，台車と机との間の摩擦，滑車と糸との間の摩擦，テープと記録タイマーとの間の摩擦は考えないものとする。 （高知県）

実験Ⅰ 次図のように，台車につけた糸を滑車にかけ，その糸の先におもりを取り付けた。台車を支えていた手を静かにはなすと，台車は糸に引かれてまっすぐ進んだ。このときの台車の運動を記録タイマーでテープに記録し，6打点ごとに切り取った。下表は，この切り取ったテープを時間経過順にテープ①〜⑧として長さをはかり，その結果をまとめたものである。

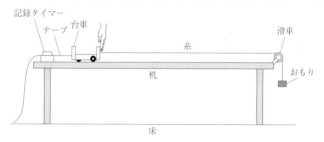

テープ	①	②	③	④	⑤	⑥	⑦	⑧
テープの長さ〔cm〕	1.0	3.0	5.0	7.0	9.0	10.0	10.0	10.0

実験Ⅱ 実験Ⅰの装置を使って，おもりの質量をかえ，実験Ⅰと同様の実験を行った。次表は，この切り取ったテープを時間経過順にテープ①〜⑦として長さをはかり，その結果をまとめたものである。

テープ	①	②	③	④	⑤	⑥	⑦
テープの長さ〔cm〕	1.5	4.5	7.5	10.5	12.0	12.0	12.0

㊉ 実験Ⅰと実験Ⅱのおもりの質量はどちらが大きいか。どちらのおもりの質量が大きいかを，そのように考えられる理由を「変化の割合」の語を使って説明したうえで，書きなさい。

（ 　　　　　　　　　　　　　　　　　　　　　　　　　　　　　　 ）

10 次の実験について，後の問いに答えなさい。ただし，ひも，定滑車，動滑車，ばねばかりの質量，ひもののび，ひもと滑車の間の摩擦は考えないものとする。

(福島県)

実験

　　仕事について調べるために，次のⅠ～Ⅲを行った。水平な床に置いたおもりを真上に引き上げるとき，ばねばかりは常に一定の値を示していた。ただし，Ⅰ～Ⅲは，すべて一定の同じ速さで手を動かしたものとする。

Ⅰ　図1のように，おもりにはたらく重力に逆らって，おもりを5.0cm引き上げた。おもりを引き上げるときに手が加えた力の大きさを，ばねばかりを使って調べた。また，おもりが動き始めてから5.0cm引き上げるまでに手を動かした距離を，ものさしを使って調べた。

Ⅱ　図2のように，定滑車を2個使って，Ⅰと同じおもりを5.0cm引き上げた。このとき手が加えた力の大きさと手を動かした距離を，Ⅰと同じように調べた。

Ⅲ　図3のように，動滑車を使って，Ⅰと同じおもりを5.0cm引き上げた。このとき手が加えた力の大きさと手を動かした距離を，Ⅰと同じように調べた。

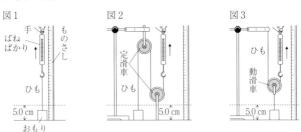

結果

	手が加えた力の大きさ[N]	手を動かした距離[cm]
Ⅰ	3.0	5.0
Ⅱ	3.0	5.0
Ⅲ	1.5	10.0

㈱　次の文は，実験の結果からわかったことについて述べたものである。 ☐ にあてはまる適切なことばを，仕事ということばを用いて書きなさい。

（　　　　　　　　　　　　　　　　　　　　　　　　　　　　　）

動滑車を使うと，小さい力でおもりを引き上げることができるが， ☐ 。

11　小球の運動を調べるために，次の実験1，2を行った。この実験に関して，後の問いに答えなさい。ただし，小球と実験装置の間には，摩擦力ははたらかないものとする。 (新潟県)

> 実験1　図1のように，レールを使った装置をつくり，小球をQ点で静かにはなしたところ，小球は斜面をすべり落ち，水平面上のA，B，C，D点を通り，さらに斜面を上がって，E点を通り，Q点と同じ高さにあるF点に到達した。このとき，水平面での小球の速さを簡易速度計で測定したところ，250cm/sであった。
>
> 実験2　図2のように，実験1で用いた装置で，水平面PQ上に置いた小球を手で軽く押したところ，小球は実験1と同じ点を通る運動をし，F点より高い位置に到達した。

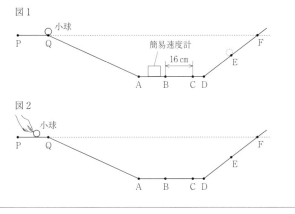

㈱　実験2について，小球がF点より高い位置に到達したのはなぜか。その理由を，「位置エネルギー」という用語を用いて書きなさい。

（　　　　　　　　　　　　　　　　　　　　　　　　　　　　　）

地学分野

1 図は，ある地域の四つの地点Ⅰ，Ⅱ，Ⅲ，Ⅳにおけるボーリング調査をしたときの結果を表した柱状図である。縦軸の目もりは地表からの深さを表している。また，地点Ⅰ～Ⅳは標高がすべて同じであり，一直線上に等間隔で，地点Ⅰ，地点Ⅱ，地点Ⅲ，地点Ⅳの順に並んでいるものとする。下の問いに答えなさい。ただし，この地域には，断層やしゅう曲，地層の上下の逆転はなく，地層が一定の方向に傾いて広がっている。 （茨城県）

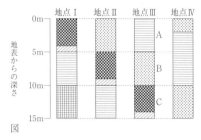

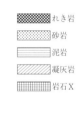

図

(問) 地点ⅢのA，B，Cが堆積した期間に，この地域の海の深さはどのように変化したと考えられるか。図の地層の重なり方に注目して書きなさい。なお，A～Cは海底でつくられたことがわかっている。

（　　　　　　　　　　　　　　　　　　　　　　　　　　）

2 夏休みのある日，中学生の太郎さんは九州のある海岸で露頭を見つけて観察し，記録した。図はそのときのスケッチである。これを見て，次の問いに答えなさい。 （福岡工大附城東高）

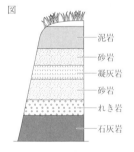

図

(問) 図中の石灰岩の層からサンゴの化石が見つかった。このことから，石灰岩が堆積した当時，この地域の環境はどのような環境であったといえるか。簡潔に答えなさい。

（　　　　　　　　　　　　　　　　　　　　　　　　　　）

3 地震に関する次の文章について，後の問いに答えなさい。 （福井県）

　地震はプレートの境界だけでなく，プレートの内部でも発生する。図は，2009年と2018年に発生した2つの地震（地震X・地震Y）の震度の分布である。2つの地震は，マグニチュードと震央がともにほぼ同じであった。

図

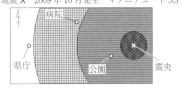

地震X　2009年10月発生　マグニチュード5.3

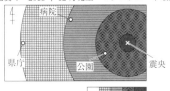

地震Y　2018年12月発生　マグニチュード5.3

　震度　1　2　3　4　5弱～5強

（問）　図で，マグニチュードが同じ地震Xと地震Yの震度の分布が異なっているのは，震源の深さの違いが原因である。震源がより浅いと考えられるのはどちらか。XかYのいずれか1つを選んで，その記号を書け。また，そのように考えた理由を，「震央」「震度」の2つの語句を用いて簡潔に書け。ただし，この地域では2つの地震が起きたときの地下の構造などに，ちがいはなかったものとする。

　　　記号（　　　　　　）

　　　理由（　　　　　　　　　　　　　　　　　　　　　　　　　　　　　　）

4 右図は，ある年の1か月間に日本付近で発生した地震のうち，マグニチュードが2以上のものの震源の位置を地図上に示したものである。震源の深さによって印の濃さと形を変え，マグニチュードが大きいものほど印を大きくして表している。

　このことについて，次の問いに答えなさい。 （栃木県）

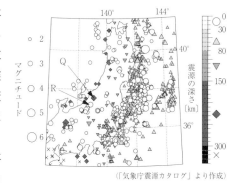

（「気象庁震源カタログ」より作成）

（問）　右図の震源Qで発生した地震と，震源Rで発生した地震とは，震央が近く，マグニチュードはほぼ等しいが，観測された地震のゆれは大きく異なった。どちらの震源で発生した地震の方が，震央付近での震度が大きかったと考えられるか，理由を含めて簡潔に書きなさい。

　　（　　　　　　　　　　　　　　　　　　　　　　　　　　　　　　　　　）

5 冬の寒い日などに，窓ガラスの室内側がくもって表面に水滴がついていることがある。これを防ぐために，二重の窓や雨戸を閉めておくとよいことがわかっている。このとき，窓ガラスに水滴がつきにくくなる理由を簡単に説明しなさい。

（華頂女高）

（　　　　　　　　　　　　　　　　　　　　　　　　　　　　）

6 図は，2019 年 1 月 8 日午前 9 時の日本列島付近の天気図を表したものである。このことについて，次の問いに答えなさい。　　　　　　　　（高知県）

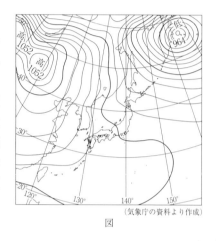

(気象庁の資料より作成)

図

㈲　図のような天気図のとき，日本列島では，日本海側は雨や雪が降り，太平洋側は晴れることが多い。その理由を，冬の季節風が吹くときの空気中の水蒸気の量の変化に基づいて，「海」と「山」の 2 つの語を使って，書きなさい。

（　　　　　　　　　　　　　　　　　　　　　　　　　　　　）

7 図は，8 月と 10 月における，台風の主な進路を示したものである。8 月から 10 月にかけて発生する台風は，小笠原気団（太平洋高気圧）のふちに沿って北上し，その後，偏西風に流されて東寄りに進むことが多い。　　　　（静岡県）

(1)　小笠原気団の性質を，温度と湿度に着目して，簡単に書きなさい。

（　　　　　　　　　　　　　　　　　　　　　　　　　　　　）

(2)　10 月と比べたときの，8 月の台風の主な進路が図のようになる理由を，小笠原気団に着目して，簡単に書きなさい。

（　　　　　　　　　　　　　　　　　　　　　　　　　　　　）

8 図1は，ある日の太陽，水星，地球の位置関係を模式的に表したものである。また，図2は，その日の18時54分と19時48分に日本国内の地点Xから観察した月の形と水星の位置を，模式的に表したものである。なお，この日，水星が月に隠れて見えない時間があった。次の(1)・(2)に答えなさい。　　（石川県）

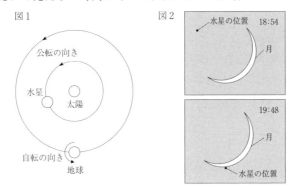

(1) 図2の月が欠けて見えるのは，月食によるものではないと判断できる。そう判断できる理由を書きなさい。
　（　　　　　　　　　　　　　　　　　　　　　　　　　　　　　　　　　　　）

(2) 同じ日に日本国内の地点A，Bから月の形と水星の位置を観察した。表は，その結果をまとめたものの一部である。地点Bから観察した場合，水星が再び現れたときの位置は，図3のア，イのいずれか，その符号を書きなさい。また，そう判断した理由を書きなさい。

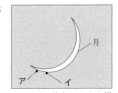

ア，イは，地点A，Bから観察した場合の，水星が再び現れたときの位置のいずれかを表している。

　符号（　　　　　　）

　理由（　　　　　　　　　　　　　　　　　　　　　　　　　　　　　　　　）

	地点A	地点B
水星が月に隠れ始めた時刻	19:01	19:27
水星が再び現れた時刻	19:51	19:47

9 次の(1), (2)に答えなさい。　　　　　　　　　　　　　　　　　　　（島根県）

(1) ケンタさんは金星に興味をもち，夏休み
中に，金星と星座をつくる恒星の位置を松
江市で観察した。観察は，1週間ごとの同
時刻に西の空で行った。図1は，そのとき
に記録したものである。

　図1の観察記録から，星座をつくる恒星
の位置が西の地平線に向かって一定の間隔
で移動しているのがわかる。なぜそのよう
に見えるのか，その理由を答えなさい。

図1

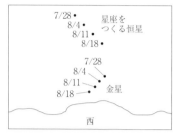

　　（　　　　　　　　　　　　　　　　　　　　　　　　　　　　　）

(2) ケンタさんは金星だけでなく太陽系の他の惑星についても関心が高まり，
図書館に行って惑星の特徴を調べた。次の表は，その特徴をまとめたもので
ある。

表

	直径	質量	密度〔g/cm³〕	太陽からの距離	公転の周期〔年〕	大気の主な成分	表面の平均温度〔℃〕
水星	0.38	0.06	5.43	0.39	0.24	（ほとんどない）	約　170
金星	0.95	0.82	5.24	0.72	0.62	二酸化炭素	約　460
地球	1	1	5.51	1	1.00	窒素，酸素	約　15
火星	0.53	0.11	3.93	1.52	1.88	二酸化炭素	約 − 50
木星	11.21	317.83	1.33	5.20	11.86	水素，ヘリウム	約− 145
土星	9.45	95.16	0.69	9.55	29.46	水素，ヘリウム	約− 195
天王星	4.01	14.54	1.27	19.22	84.02	水素，ヘリウム	約− 200
海王星	3.88	17.15	1.64	30.11	164.77	水素，ヘリウム	約− 220

（それぞれの惑星の直径，質量，太陽からの距離は，地球を1とした値である。）

　地球には，多種多様な生物が生存している。それは，生物の生命を支える
条件が地球に備わっているからである。その条件は，「大気の成分に酸素があ
ること」ともう1つある。それは何か，表のデータにふれて答えなさい。

　　（　　　　　　　　　　　　　　　　　　　　　　　　　　　　　）

解答・解説
近道問題

2．思考の記述

■ 生物分野 ■

1 酸素の割合は小さくなり，二酸化炭素の割合は大きくなる。

2 光合成で取り入れられた二酸化炭素の量の方が，呼吸によって出された二酸化炭素の量よりも多かったから。

3 糖はセロファンを通りぬける。（14字）

4 小腸は栄養分を吸収し，肝臓はその栄養分をたくわえるはたらきがあるから。

5 脳に伝わらずに，せきずいから運動神経を通って

6 ミカヅキモは，体細胞分裂によって子をつくるので，子は，親の染色体をそのまま受けつぐため。

7 （記号）ア （理由）草食動物の生物量は増加した肉食動物に食べられて大きく減少し，草食動物に食べられる生産者の生物量が減るから。

◇ 解説 ◇

1 光があたらないので，アオジソの葉は光合成を行わず，呼吸だけを行う。

2 BTB 溶液の色は，二酸化炭素の量によって変化し，減少すると青色，増加すると黄色になる。

3 セロファンの袋の内側の液体 A ではデンプンが糖に分解されている。セロファンの袋の外側の液体 B にも糖がふくまれていることから，糖がセロファンを通りぬけたことがわかる。

4 P は肺，Q は肝臓，R は小腸，S は腎臓を示している。

5 無意識のうちに起こる反応は，意識して起こす反応に比べ，刺激を受けてから反応するまでの時間が短い。

6 ミカヅキモのような単細胞生物は，親のからだが 2 つに分裂して新しい個体ができる。

7 草食動物が増加すると，それをえさにしている肉食動物は増加する。

\CHIKAMICHI /
ちかみち

実験に関する問題では，考察に関する記述が多い。考察とは実験の結果からどのようなことが分かるかを考えることである。したがって，「結果が〇〇だから，△△ということが分かる（言える）。」というような思考を実験の問題を見るたびに意識することが重要である。

■ 化学分野 ■

1 メスシリンダーに水を入れ，水に沈めて，増えた水の体積をはかる。

2 アルミニウムの密度は，水の密度より大きいから。

3 エタノールの沸点が，水の沸点より低いから。

4 フラスコ内に初めあった空気が試験管内に残っていたから。

5 水によく溶ける。・フェノールフタレイン溶液の色が濃い赤色になる。

6 化学反応により鉄が磁石につきにくい硫化鉄に変わったため

7 燃焼に必要な酸素が足りないから。

8 異なる水溶液どうしが混じり合わないようにするため。

9 (陽極は電極)イ　(理由)Bの色が変化したのは，水酸化物イオンによるものであり，陰イオンである水酸化物イオンは陽極側に移動するから。

10 混合溶液中にイオンがなくなっているから。

11 生じた塩化ナトリウムは，水に溶けるから。

◇ 解説 ◇

1 立方体や直方体であれば，縦，横，高さの長さをはかり体積を求めることができるが，不規則な形をした物体の体積は解答のような方法で体積をはかる。また，物質の種類が明確で，その物質の密度が分かっている場合には，質量から計算によって体積を求めることもできる。

2 アルミニウムの密度は 2.70g/cm^3，水の密度は 1.00g/cm^3。

3 エタノールの沸点は 78℃，水の沸点は 100℃。

4 二酸化炭素自身は燃えず，ものを燃やすはたらきもない。二本目の試験管では，酸素不足のため線香の火はすぐに消える。

5 加熱後の試験管から取り出した固体は炭酸ナトリウムで，炭酸水素ナトリウムに比べて水によく溶ける。また，水に溶かしたとき，炭酸水素ナトリウムは弱いアルカリ性，炭酸ナトリウムは強いアルカリ性を示す。

6 試験管Bの物質は，鉄と硫黄の混合物で，フェライト磁石を近づけると鉄と引き合う。

7 集気びんBでは，マグネシウムが二酸化炭素から酸素をうばって燃え続ける。

8 電解質水溶液においては，少量でも非常に多くのイオンが存在する。したがって，金属板に水溶液が付着したまま別の水溶液に入れると，付着した水溶液に含まれるイオンによって，本来流れるはずのない水溶液に電流が流れてしまうことがある。

9 水酸化ナトリウムは，ナトリウムイオンと水酸化物イオンに電離する。

10 硫酸中には，水素イオン H^+ と硫酸イオン $SO_4{}^{2-}$ が存在している。硫酸に水酸化バリウム水溶液を加えたときの化学反応式は，$H_2SO_4 + Ba(OH)_2 \rightarrow BaSO_4 + 2H_2O$ で，水素イオンが水酸化物イオンと結びついて水分子ができ，硫酸イオンがバリウムイオンと結びついて硫酸バリウムという白い沈殿ができる。このように，水酸化バリウム水溶液を加えると，混合溶液中のイオンの数が減少するので，電流が流れにくくなっていく。

11 うすい塩酸と水酸化ナトリウム水溶液を混ぜると，塩化ナトリウムと水が生じる。

> 化学に出てくる様々な物質は，日常的に使われているものが多い。どのような物質がどのような所で利用されているかを意識し，普段の生活と化学を関連づけておくことが重要である。

■ 物理分野 ■

1 全反射している。

2 (1) 音の波を伝える物質がないため。

(2) ①より太い弦を①より強く弾いた。

3 おんさ A の振動が空気を伝わっておんさ B を振動させたから

4 画用紙と虫めがねの距離が<u>焦点距離</u>より近いため，虫めがねを通った光は広がり，実像ができないから。

5 (1) 音がだんだんと小さくなる。

(2) 音を伝える物質が空気であり，その空気が減っていくから。

(3) (記号) ア (理由) 音はまわりに物質があれば振動が伝わるから。

6 (抵抗器) Y (理由) グラフの傾きが X ＞ Y だから。(同じ電圧を加えたときの電流の大きさが X ＞ Y だから。)

7 (コイル A の左側から) 棒磁石の S 極を実験のときよりもすばやく入れる。

8 LED 電球は，同じ消費電力の白熱電球より熱の発生が少ないから。

9 実験 II は，実験 I よりも速さの<u>変化の割合</u>が大きいから，実験 II のおもりの質量が大きい。

10 <u>仕事の大きさは変わらない</u>

11 Q 点での運動エネルギーの分だけ，F 点より<u>位置エネルギー</u>が大きくなる位置に到達することができたから。

◇ 解説 ◇

1 入射角を大きくすると屈折角は 90°に近づき，すべての光が反射するようになる。

2 (1) 音の波は，空気や水の粒子を振動させて伝わる。真空中には音の振動を伝える物質がないため，音は伝わらない。

(2) 弦の張り方や素材が同じとき，弦が太いほど音は低くなる。

3 おんさ A とおんさ B の間に板などを入れると，おんさ A の振動がおんさ B に伝わらないので，おんさ B は振動しない。

4 画用紙と虫めがねの距離が焦点距離より遠いとき，実像ができる。

5 (3) 空気中よりも液体や固体の方が音は伝わりやすい。

7 棒磁石の動きを速くすると磁界の変化が大きくなり，誘導電流が大きくなる。棒磁石の極を逆にすると誘導電流が流れる向きも逆になる。

8 図3より，同じ点灯時間で比べたとき，LED 電球の方が水の上昇温度が低い。

9 実験 I のテープ①〜⑤の長さは，3.0 (cm) − 1.0 (cm) = 2.0 (cm)，5.0 (cm) − 3.0 (cm) = 2.0 (cm)，7.0 (cm) − 5.0 (cm) = 2.0 (cm)，9.0 (cm) − 7.0 (cm) = 2.0 (cm) より，0.1 秒ごとに 2.0cm ずつ長くなっている。実験 II のテープ①〜④の長さは，4.5 (cm) − 1.5 (cm) = 3.0 (cm)，7.5 (cm) − 4.5 (cm) = 3.0 (cm)，10.5 (cm) − 7.5 (cm) = 3.0 (cm) より，0.1 秒ごとに 3.0cm ずつ長くなっている。

⑩ 動滑車を使うと，力の大きさは $\dfrac{1}{2}$ になるが，ひもを引く距離は 2 倍になる。I の仕事の大きさは，3.0（N）× 0.05（m）= 0.15（J）　Ⅲの仕事の大きさは，1.5（N）× 0.1（m）= 0.15（J）

⑪ 実験 1 において Q 点での小球の運動エネルギーは 0 だが，実験 2 では 0 より大きい。

\ CHIKAMICHI /
↑ ちかみち

　物理では，物理現象が起こる原因を記述させる問題に加え，実験結果を予測させる問題，実験方法を提示させる問題が出題されている。教科書の細かいところまで読みこみ，原理を深く理解することが重要である。

■ 地学分野 ■

1 C，B，A の順に堆積物の粒の直径が小さくなることから，C が堆積した時代の海は浅く，しだいに深くなっていったと考えられる。

2 あたたかく浅い海であった。

3 （記号）Y　（理由）地震 Y の方が地震 X より<u>震央付近の震度</u>が大きいから。（地震 Y の方が地震 X より，<u>震度の大きい範囲が震央から遠くまで広がっている</u>から。）

4 震源 R で発生した地震の方が震源が浅いので震度が大きかった。

5 室内側のガラスが外気に冷やされるのを防ぐことでくもりにくくなる。

6 大陸からの季節風が，<u>海の上を通過する</u>ときに大量の水蒸気を含むようになり，<u>山を越える</u>ときに雪や雨となって水蒸気を失うから。

7 (1) あたたかく湿っている。

(2) 小笠原気団が発達しているから。（小笠原気団が日本列島をおおっているから。）

8 (1) 内惑星である水星は，満月の日に月と同じ方向には見えないから。

(2)（符号）ア　（理由）B の方が，水星が月に隠れて見えない時間が短いので，月の裏側を通過する距離が短いと考えられるから。

9 (1) 地球が公転しているから。

(2) 表面の平均温度が約 15 ℃で水が液体の状態であること。

◇ 解説 ◇

1 地点Ⅲは下層から，れき，砂，泥なので，浅い海底がだんだん深くなった。

4 震源に近いほど震度は大きくなる。震央は震源の真上の地表の地点。

5 窓ガラスの温度が下がって室内の露点に達すると水滴がつく。窓ガラスが直接外気にあたるのを防ぎ，窓ガラスの温度が下がり過ぎないようにすると，水滴がつくのを防ぐことができる。

7 (1) 小笠原気団は，日本の南の海上に位置するので，あたたかく湿っている。

8 (1) 月食が起こるのは，地球から見て月が太陽の反対方向に来たときで，このとき，水星が月に隠れて見えなくなることはない。

9 (2) 水の融点は 0 ℃，沸点は 100 ℃。

\CHIKAMICHI /

↑ **ちかみち**

　地学では，様々な現象における原因を問うものが多いので，各単元における深い知識が必要となる。「どのようなことが原因でその現象が起こるのか？」を教科書で確認しておくことが重要である。